给孩子讲中国航天

天宫空间站

夏光 著　孙超 绘

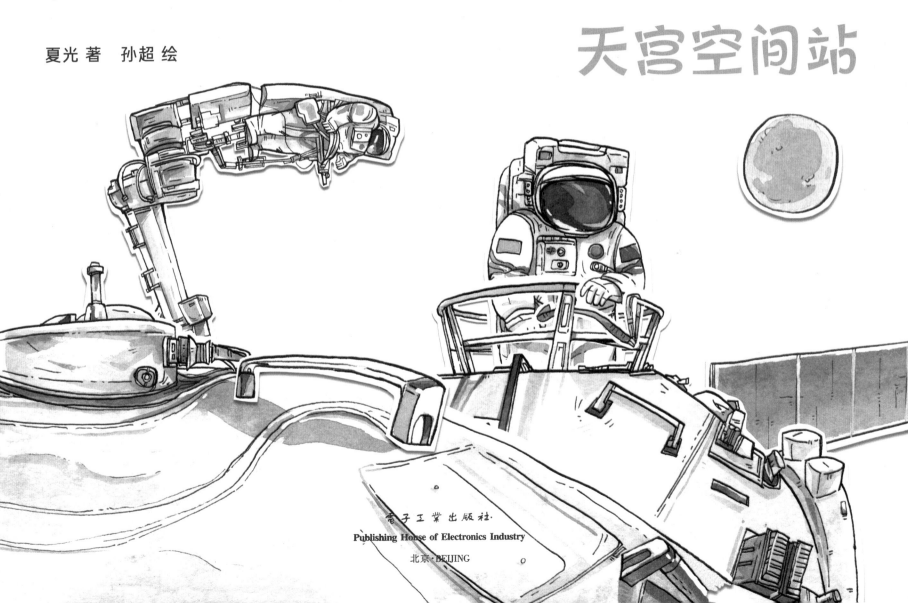

电子工业出版社
Publishing House of Electronics Industry
北京·BEIJING

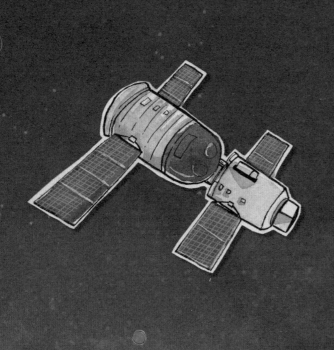

如果长出一双翅膀，你想要飞到什么
地方去？想不想去太空看一看？

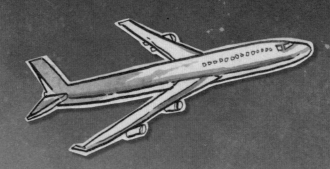

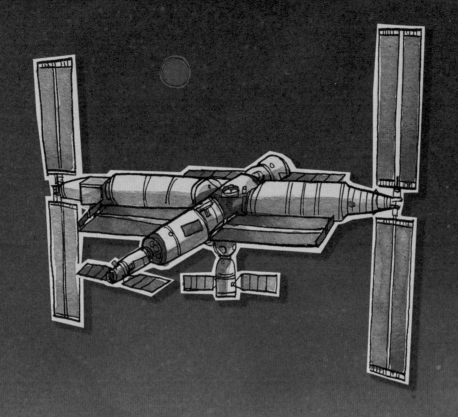

太空在地球大气层的外面，连我们坐过的飞机都飞不到那么高，而且离得还挺远。那里的空气很少，人类现在还不能永久在那里生活。

人们把选拔训练合格、能执行载人航天飞行任务的人称为航天员。杨利伟是进入太空的第 1 位中国航天员。

航天员必须在地球上经过专门的训练，才能乘坐航天器飞上太空。各种各样的训练能够帮助航天员适应太空环境。

头朝下的训练

在失重飞机上训练

在地面水槽中
训练

旋转训练

航天员在太空中的状态，和升降电梯从静止到下降时我们感受到的状态很像，这就是人们说的失重现象。

因为失重，航天员在太空中是飘浮的，还能摆出各种各样的姿势。你可能觉得这样很有趣，其实，也有不太方便的时候，比如航天员要靠扶手保持身体的平衡，要在固定的睡袋里睡觉。

航天员可以在太空飘浮，但是他们没有办法自己飞往太空，是运载火箭发射载人飞船把他们送到那里的。中国的运载火箭有一个很帅的名字，叫作"长征"。

看看包裹在长征二号火箭整流罩里的载人飞船，像不像妈妈肚子里怀着的宝宝？

大部分长征火箭是从陆地上发射的，比如长征二号和长征五号。长征十一号是第 1 枚从海上发射的长征火箭。

被称为"胖五"的长征五号火箭，力气非常大，中国的天宫空间站、嫦娥五号探测器和火星探测器就靠它发射了！

CHN

中国航天

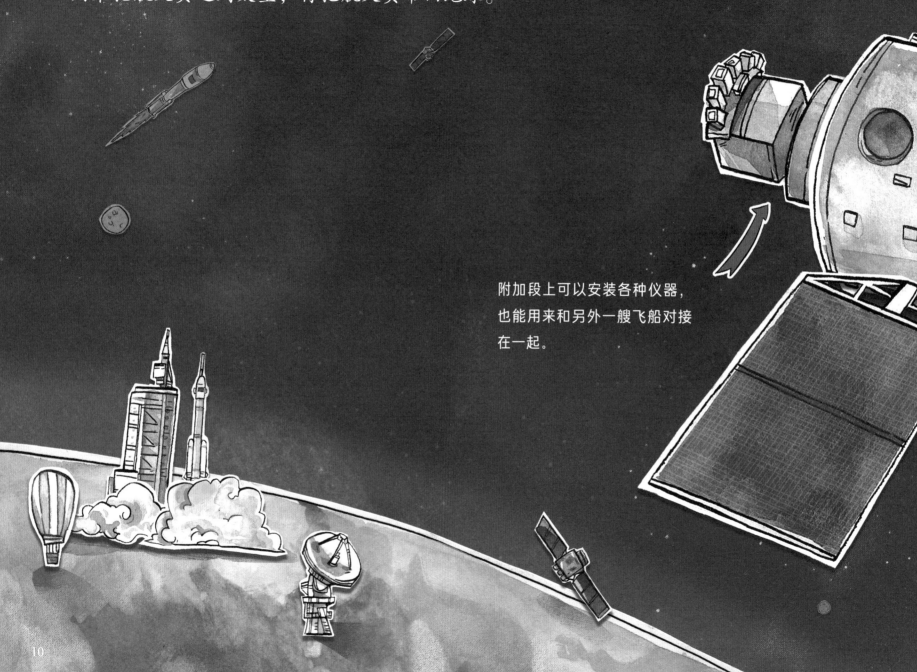

中国载人飞船的名字也很酷，叫作"神舟"，它专门
用来把航天员送到太空，再把航天员带回地球。

附加段上可以安装各种仪器，
也能用来和另外一艘飞船对接
在一起。

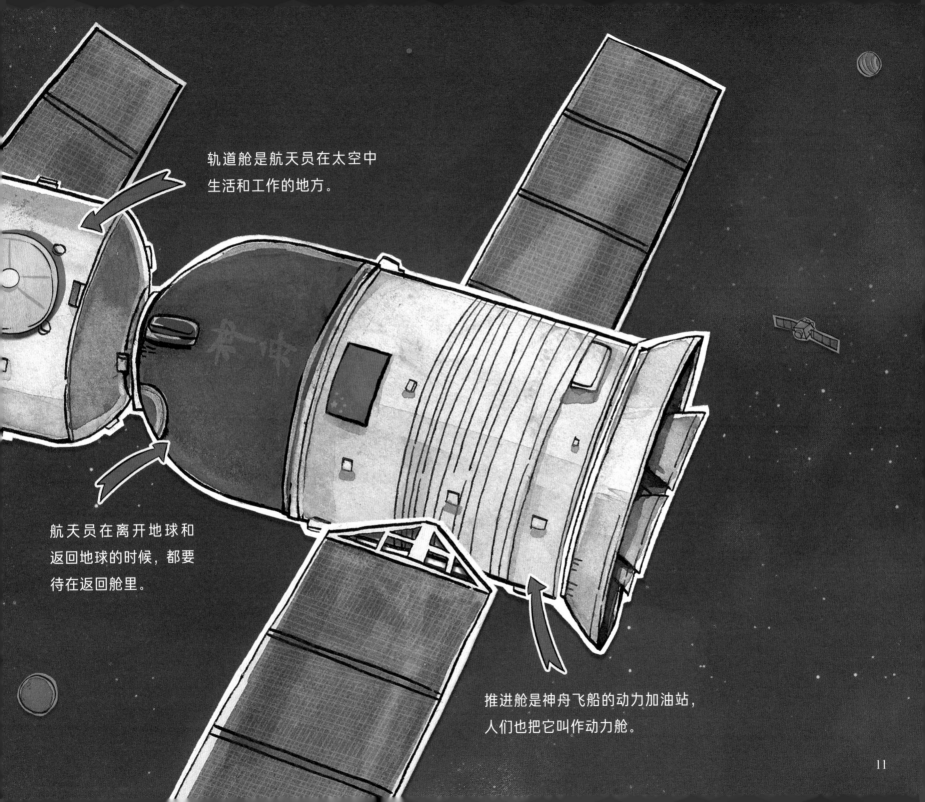

轨道舱是航天员在太空中
生活和工作的地方。

航天员在离开地球和
返回地球的时候，都要
待在返回舱里。

推进舱是神舟飞船的动力加油站，
人们也把它叫作动力舱。

11

在人们比较熟悉的甘肃酒泉卫星发射中心，长征火箭多次搭载着神舟飞船从这里发射。还有海南文昌航天发射中心，长征火箭会从这里发射中国天宫空间站的舱段。

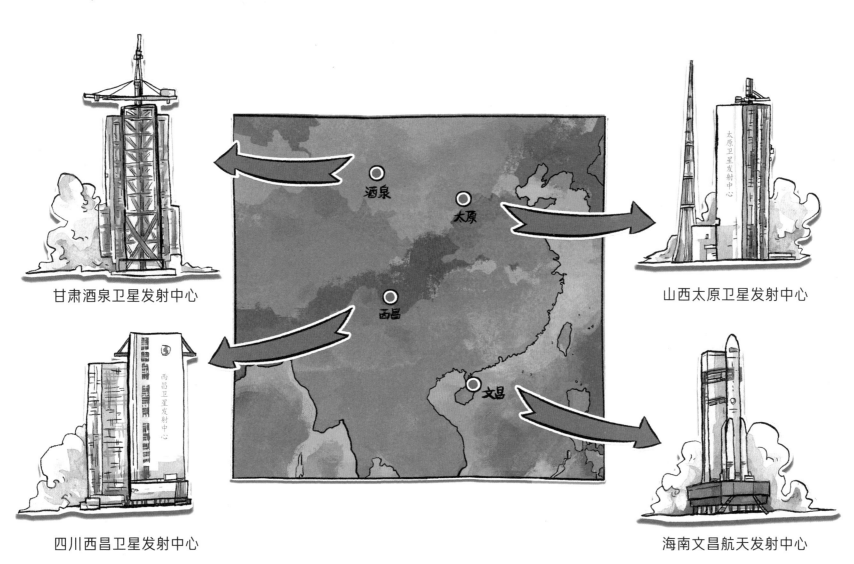

甘肃酒泉卫星发射中心

山西太原卫星发射中心

四川西昌卫星发射中心

海南文昌航天发射中心

神舟飞船的返回舱降落的地方，选在了
内蒙古中部的草原。飞船会从这片草原上空
多次飞过，方便返回。而且，草原平坦开阔，
天气也非常适合返回舱着陆。

如果你在电视上看过神舟飞船发射的情景，那你肯定见过这个地方——北京航天飞行控制中心飞控大厅。在这里，工作人员通过地面测控站、远望号测量船和中继卫星知道飞船飞到了哪里，飞行姿态怎么样，这样就可以很好地控制飞船飞行，保证航天员的安全。

中继卫星

有人把神舟飞船比作放飞到太空的"风筝"，把地面测控站、远望号测量船和中继卫星比作牵住风筝的那根线，飞控大厅就是放风筝的人。你觉得呢？

神舟飞船

远望号测量船

地面测控站

北京航天飞行控制中心

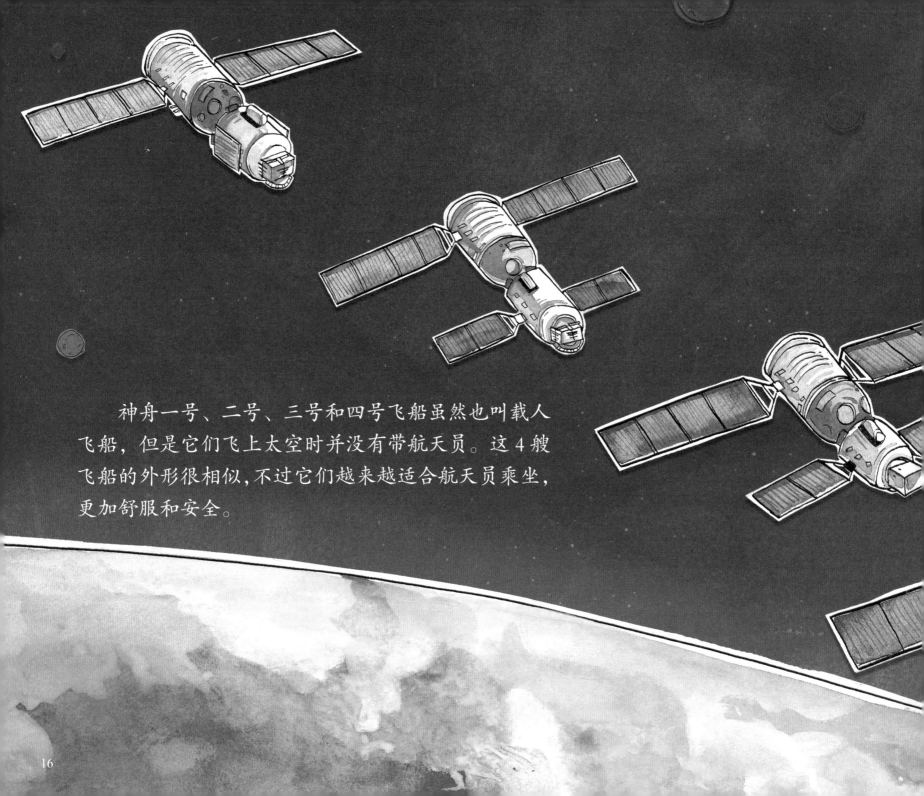

神舟一号、二号、三号和四号飞船虽然也叫载人飞船，但是它们飞上太空时并没有带航天员。这4艘飞船的外形很相似，不过它们越来越适合航天员乘坐，更加舒服和安全。

其实，这4艘飞船搭载了一些特别的"乘客"，比如蔬菜的种子。

神舟三号和神舟四号还搭载了模拟人，这些模拟人能够帮助地面的人们了解航天员在到达太空后身体会有什么变化。

真正带着中国航天员飞上太空的第 1 艘飞船是神舟五号，它的乘客只有航天员杨利伟一个人。

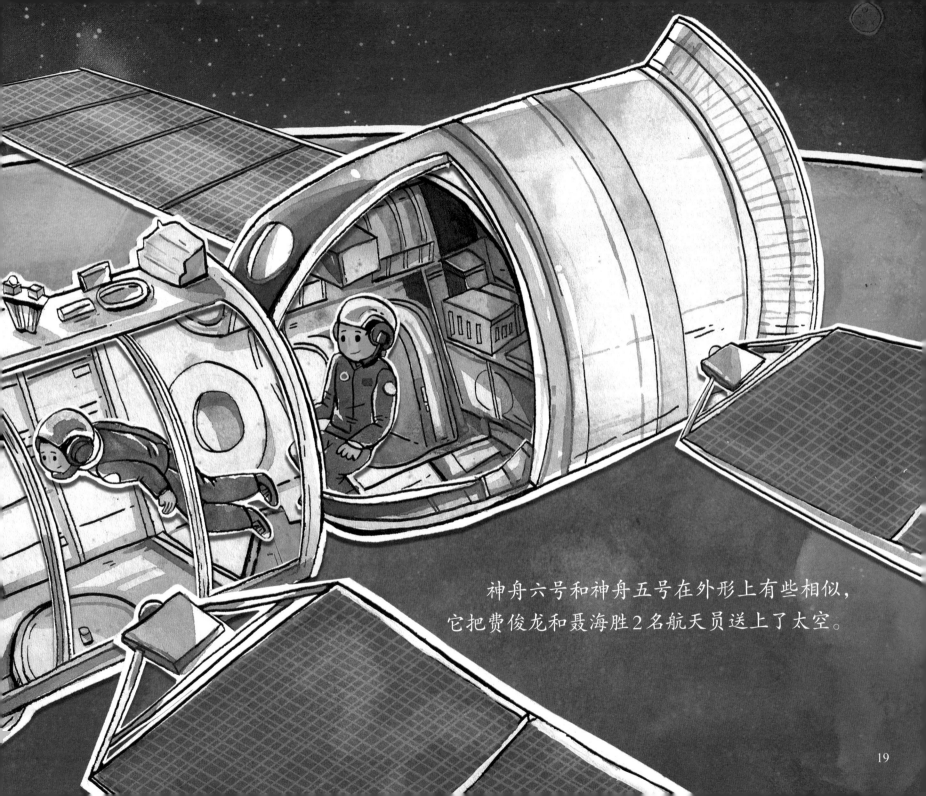

神舟六号和神舟五号在外形上有些相似，
它把费俊龙和聂海胜2名航天员送上了太空。

神舟七号飞船更厉害，它带着翟志刚、刘伯明和景海鹏3名航天员飞上太空。翟志刚还从飞船里出来，进入太空里，这就是人们所说的太空行走，又叫出舱活动。

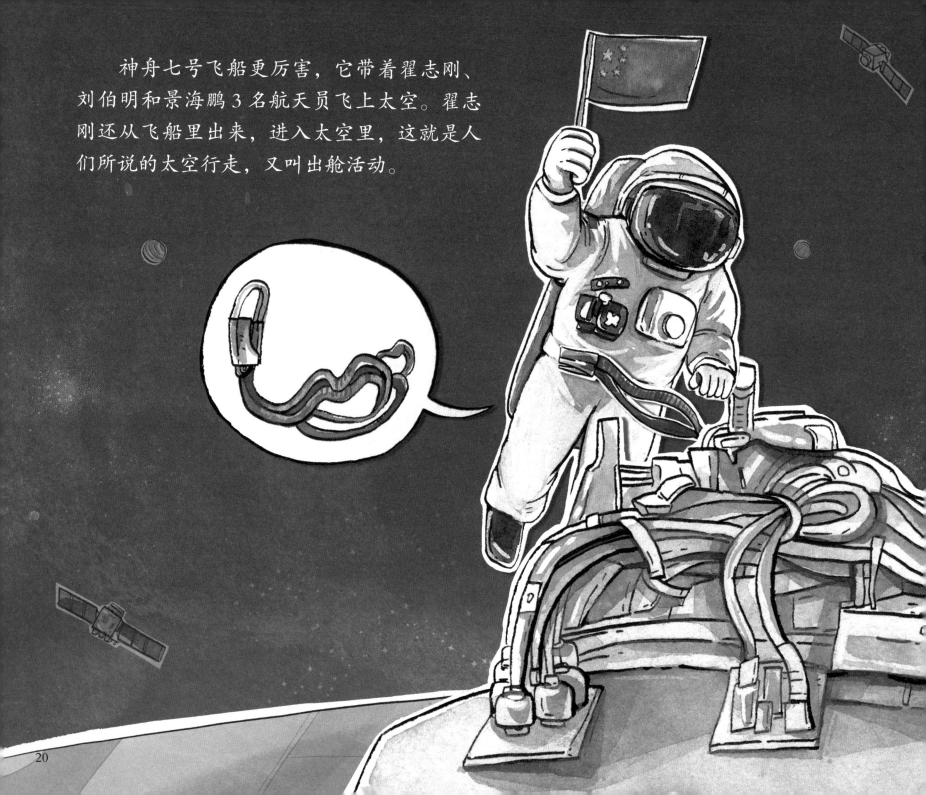

神舟七号飞船轨道舱上面装着 1 颗伴飞小卫星。从飞船上释放后，这颗小卫星在距离飞船很近的地方陪伴飞船飞行，它还作为飞船的"摄影师"，给飞船拍摄太空照。

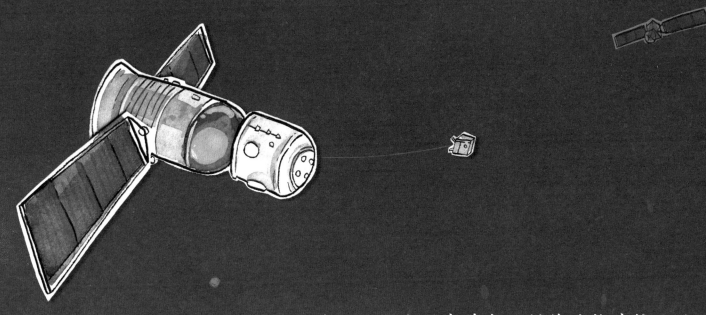

太空行走时，翟志刚穿着专门制作的舱外航天服。他和飞船之间会连着一根"脐带"，这样他就不会飞向太空回不来了。

神舟八号飞船并没有带航天员，而是自己飞到了太空。比它早进入太空的天宫一号空间实验室，等着和它连接在一起，也就是进行空间交会对接。空间交会对接就像在太空搭建房子，让2个正在飞行的物体在太空中连接在一起，这可比在地球上难多了。

神舟八号

天宫一号

实验舱

资源舱

天宫一号空间实验室是由实验舱和资源舱组成的。资源舱为天宫一号提供飞行的动力。实验舱为航天员提供舒适的生活和工作环境。

23

在神舟九号飞船的3位乘客里，有中国第1位参加太空飞行的女航天员刘洋。和她一起飞上太空的航天员刘旺非常能干，他在地面工作人员的帮助下，引导神舟九号飞船和天宫一号空间实验室完成了手控交会对接，从原来的坐飞船变成了真正地开飞船。

乘坐神舟十号飞船的航天员聂海胜、张晓光、王亚平是天宫一号的新访客。女航天员王亚平还在天宫一号这个"太空教室"给青少年进行"太空授课"，她也被称为中国第1位"太空老师"。

陀螺运动

制作水膜与水球

接替天宫一号空间实验室的天宫二号空间实验室，和神舟十一号飞船进行了交会对接。神舟十一号的航天员在太空待的时间比较长，他们在太空种生菜，还帮助地球上的学生进行太空养蚕实验。

用长征七号火箭发射的天舟一号货运
飞船，被人们称为"太空快递小哥"。它和
天宫二号空间实验室对接所花费的时间更短一些，
而且非常漂亮地完成了"太空加油"任务，以后向
太空运货就更快、更方便了。

天舟一号

天宫二号

长征七号

27

中国的空间站叫作"天宫"。它的建造过程有些像你平时玩的拼插玩具，就是把核心舱、实验舱、载人飞船、货运飞船对接在一起。

神舟载人飞船

梦天实验舱

天和核心舱

神舟载人飞船

天实验舱

天舟货运飞船

在空间站里，航天员可以完成很多科学实验，可以清楚地观测很多天文现象，还能很好地监测地球的环境。

空间实验室系统

中国载人航天工程是由 14 个系统组成的。它的目标就是建成中国的空间站，为中国航天员在太空安一个家。

载人飞船系统

航天员系统

着陆场系统

长征二号 F 运载火箭系统

甘肃酒泉发射场系统

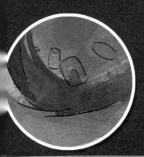
空间应用系统

载人空间站系统

光学舱系统

很多国家都想加入中国的空间站任务。如果能去中国的空间站做客，你想在上面做什么呢？

货运飞船系统

测控通信系统

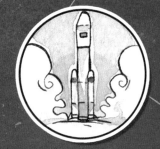
长征七号运载火箭系统

长征五号 B 运载火箭系统

海南文昌发射场系统

图书在版编目（CIP）数据

给孩子讲中国航天.天宫空间站 / 夏光著；孙超绘 . -- 北京：电子工业出版社，2022.11
ISBN 978-7-121-42672-8

Ⅰ.①给… Ⅱ.①夏… ②孙… Ⅲ.①航天 – 儿童读物②星际站 – 儿童读物 Ⅳ.①V4-49②V476.1-49

中国版本图书馆CIP数据核字（2022）第112413号

审图号：GS京（2022）0957号
本书中第12、14页地图系原文插图。

责任编辑：朱思霖
印　　刷：北京尚唐印刷包装有限公司
装　　订：北京尚唐印刷包装有限公司
出版发行：电子工业出版社
　　　　　北京市海淀区万寿路173信箱　邮编：100036
开　　本：889×1194　1/16　印张：6　字数：20.7千字
版　　次：2022年11月第1版
印　　次：2024年 12 月第5次印刷
定　　价：135.00元（全3册）

凡所购买电子工业出版社图书有缺损问题，请向购买书店调换。若书店售缺，请与本社发行部联系。
联系及邮购电话：(010) 88254888，88258888。
质量投诉请发邮件至 zlts@phei.com.cn，盗版侵权举报请发邮件至 dbqq@phei.com.cn。
本书咨询联系方式：(010) 88254161 转 1859，zhusl@phei.com.cn。